Fabulous Bride Hairstyles

时尚新娘主题造型技法

许葳WEIMAKEUP新娘造型 编著

人民邮电出版社

北京

Preface

前言

在进入新娘造型这个领域之前，我主要做时尚商业广告造型，也颇有收获。出于对时尚界的向往和热爱，在我首次接触新娘造型后就深深地爱上了，因为其能够充分的将艺术、时尚、创作结合起来。而我在四川美术学院所习得的知识，结合商业广告造型的经验以及对时尚的审美，也给我从事新娘造型设计提供了丰富的经验和独特的视角。

实际上，要成为一名优秀的造型师，其实并不容易。新娘希望自己的美是唯一的、精致的，又是恰到好处，引人入胜的。这就给造型师提出了很高的要求——造型师不仅要把新娘画得更美，更要在自己的理念的基础上，结合新娘的个性、特征以及婚礼主题或者拍摄主题来设计一款融合时尚、个性、优雅的造型，从而使新娘的形象更加独特、丰满。所以，我认为，造型师不仅是一个化妆师，更是一个"造梦师"，她能够充分地把握时尚的元素，能够拥有自己完整的造型思路和成熟的造型风格，也能够充分地了解新娘，甚至比新娘更"懂"新娘，只有如此，我们的造型，才是独特的、成功的、生动的。

所以，成为一名优秀的造型师，首先要求我们懂新娘、知新娘，要掌握不同场景、场合，不同的人物特征、衣着打扮的对造型的影响和要求。当我们掌握了这些信息之后，我们就可以选择不同造型风格——浪漫唯美风格、优雅复古风格、高贵奢华风格、森系清新风格、甜美韩系风格、中式复古风格以及波西米亚风格、美艳印度新娘风格、传统韩服新娘风格等，在选定风格之后，我们可以根据不同风格的要求，选择不同的造型技法，来实现相应的造型设计。

除此之外，也是我十分想强调的一点，就是我们在做造型的时候，一定不要拘泥于教材的指导，不要受制于别人的经验做法，而是应该学会融会贯通。这就要求我们在做造型的过程中，一定要养成先思而后行，并总结升华的习惯，即在做造型之前，一定要全盘考虑，从整体出发，而不是乱做一气，要在别人和自己经验的基础上，不断地实践、归纳、总结、改进，唯有如此，我们才会不断进步，才能创造出更时尚的造型。

当然，我们都知道，美丽的东西，多多益善。所以，许多造型师在设计过程中，往往对许多元素无法取舍，结果造型就变成了美的堆砌，这反而使得造型变得臃肿、粗俗，失去了原有的本意和特色。因此，我认为，面对众多的造型，我们应该学会从"做加法"回归到"做减法"，因为经典的新娘造型就是恰到好处，随意而不随便，简约而不简单。至于如何实现这种恰到好处的简约，这是一个长期积累的过程，而在这过程中，需要我们学会"舍得"，也需要我们学会用心，同时这也是一个造型师修炼个人审美的过程。

最后，我想强调，对于造型师来说，每一个新娘都是独一无二的。因为，作为一名造型师，我们需要通过自己的双手，用自己的理念以及审美，根据每一个新娘的特点，设计出一款能够体现新娘气质、韵味的造型。

本书每一款造型风格均包含相应的步骤分解图片和文字说明，并且还附有若干作品照片供大家欣赏。下面，就请读者们跟随我一起来学习新娘造型吧！

目录

Contents

Contents

第 3 章
高贵奢华风格

第 4 章
森系清新风格

目录

Contents

第 **5** 章

甜美韩系风格

第 **6** 章

中式复古风格

Contents

第 **7** 章

异域特色风格

第 **8** 章

配饰风格

作品赏析

后记

Romantic and

Romantic
beautiful Style
第 **1** 章

浪漫唯美风格

造型简介

　　充满女人味的松软浪漫盘发发型，蓬松自然是其一大特点，近年来，此种风格逐渐成为最受欢迎的新娘造型风格之一。浪漫唯美风格无论是应用在时下流行的旅行婚纱造型上还是应用于婚礼当日的外景拍摄造型，都是非常时尚浪漫的。该款造型比较适合身材圆润且有气质的女性，整个造型可以让新娘散发出一丝慵懒的气息，不经意间尽显迷人魅力，借鉴欧美新娘发型的优雅浪漫，唯美花饰的完美搭配打造精致新娘的浪漫气质！

技法选择方案

两股拉花

两股拧绳拉花盘发

鱼骨拉花

后盘发

饰品搭配方案

绢花、珍珠等能展现女性妩媚气质的饰品。

色彩搭配方案 ●●●

Beautiful style

浪漫唯美风格
之两股拉花

浪漫优雅风格的新娘造型主要突出了唯美、含蓄、浪漫的气息。造型主要运用卷发、拧绳、抽丝的技法来完成。为了更好地表达造型的唯美感，刘海不能做得太高。头饰的选择是增添造型时尚感的重要元素，绢花、珍珠等类型的饰品非常能体现女人的优雅气质，都非常适用于此类型的造型上。另外，本造型的发型处理要注意体现造型整体的饱满程度。

注意事项

1. 造型以低盘发为主

2. 为了避免造型老气，可以采用盘花苞的手法突显活力

Step 1

将头发用卷发棒由内向外烫卷

Step 2

用梳子将刘海分成左右2:8分区

Step 3

从模特左侧的侧发区分一部分头发出来，用夹子固定

Step 4

用梳子将头顶区的头发打毛

Step 5

用发夹固定打毛后的发包，增强发包的饱满感

Step 6

将模特右侧刘海区的头发分成两份

Step 7

将分好的头发进行两股拧绳

Step 8

将拧出来的头发抽丝

Step 9

将抽丝后的头发盘起来

Step 10

将盘好的头发固定在耳朵上方，形成第一个花苞

Step 11

从第一个花苞后面再取一片头发进行拧绳、抽丝并盘发

Step 12

将盘好的头发固定在第一个花苞后面形成第二个花苞

Step 13

第三片发片以同样的手法拧绳、抽丝

Step 14

剩余的提前分出的侧发区的造型手法同上，拧绳、抽丝、盘花苞，整个造型完成。注意整个造型的整体轮廓感

Step 15

将花苞固定，注意与前面花苞的自然衔接

用手整理花苞的纹理

Step 16

向做好的花苞喷上发胶，固定造型，边喷发胶边对花苞进一步整理

浪漫唯美风格
之两股拧绳拉花盘发

　　该款发型是运用简单的两股拧绳技法完成的盘发造型，此款造型的关键点主要在发饰上，简洁、甜美的花朵发带可以为造型增色不少，让整体造型看起来更加浪漫、唯美。该款造型既适用于婚纱拍摄，同时也适用于婚礼当天喜欢时尚造型的新娘，配上长拖摆的婚纱回头率将会是极高的。

Step 1

将顶发区的头发一层层地进行倒梳

Step 2

将部分顶发区的头发做成小发包

Step 3

将剩余顶发区的头发沿着小发包进行固定，使其成为整个造型的中心点

Step 4

将左右两侧侧发区的头发进行两股拧发，将其与中心点相连接

Step 5

将剩下的头发烫卷

Step 6

将烫卷过的头发进行两股拧绳拉花

Step 7

每次两股拉花所取的发量尽量相等，并将它们沿着中心点进行固定

Step 8

将后发区的头发进行两股拧绳拉花固定好后，再进行发丝的抽松

Step 9

将发带沿着发型环绕佩戴

Step 10

在脑后将发带打好蝴蝶结并调整好形状

浪漫唯美风格
之鱼骨拉花

　　浪漫优雅风格的新娘造型最大的特点就是自然、简洁、清新又不缺乏时尚感，给人的感觉永远是清新淡雅的。造型主要以鱼骨编发技法为主，整个造型给人时尚又不失清新的感觉，同时还将新娘的颈部完美展现了出来。佩戴甜美可人的花环还能为户外婚礼增添一道别致的风景。

注意事项

1. 造型以干净、饱满为主

2. 发包要做圆润些

Step 1

先将头发烫卷，然后将头顶以及耳朵两侧发区各分一片头发出来

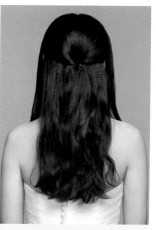

Step 2

在头顶区打毛做出一个光滑、饱满的发包

Step 3

将侧发区的头发平均分成两份，要尽量保持发丝不乱

Step 4

将头发以两股拧绳的方法拧完之后，再从头发边缘抽出有纹理的发丝

Step 5

将侧发区已经编好的头发交叉固定在发包下面，将后发区剩下的头发平均分成三份

Step 6

再将其中的一份头发平均分成两份

Step 7

从平均分成的两份中各取一撮头发相互交叉编成鱼骨辫

Step 8

从辫子旁边轻轻拉出点头发、一只手拉发尾另一只手将发尾轻轻往上推，进行拉花上推时要注意用力平均

Step 9

将推上去的头发固定在耳后并调整造型的纹理感

Step 10

使用相同的手法将右侧的头发编成鱼骨辫并拉花

Step 11

用发卡将头发固定在耳后，注意与前一个发片的自然衔接

Step 12

最后，将中间的头发编成鱼骨辫并拉花

Step 13

将辫子的发尾用手往上推

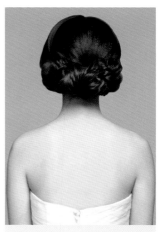

Step 14

用发卡将头发固定在中间，整个造型完成

浪漫唯美风格
之后盘发

在传统的浪漫新娘风格造型中都是以披发为主，但其实盘发同样可以展现出新娘浪漫唯美的格调。灵动的发丝搭配羽毛或绢花可以让新娘充分体现浪漫唯美的感觉，使新娘的娇媚气质中别有一番风情。

注意事项

1. 注意头发要做出有序且凌乱的感觉

2. 注意头顶发丝的走向和细节处理

Step 1

将头发打毛并在脑后做出一个发包，用夹子将发包固定

Step 2

将刘海区一边的头发打毛

Step 3

将打毛的部分以直卷筒的手法将头发卷起来，用夹子固定

Step 4

其余部分方法同上，先将发片打毛。注意，在打毛时头发表层切勿打毛，头发表面要保持干净整洁

Step 5

将卷起的发卷靠着第一个完成的发卷用夹子固定好

Step 6

另一边用同样的方式将头发卷好，用夹子固定

Step 7

将后发区的头发以同样的方式卷上去，用夹子将头发固定。注意，可以在后面留出几撮头发，避免造型过于死板

Step 8

最后用发胶将头发定型即可

Elegant
vintage Style

第 2 章

优雅复古风格

造型简介

　　复古新娘发型是近几年来新娘发型流行的新趋势，复古风再次袭来，它会让新娘看上去更典雅、更有朝气。低调却不失优雅、贵气满满，颇能吸引眼球。复古新娘与众不同的视觉效果能够展现出新娘的迷人气质。该款造型较适合年龄稍大或长相较成熟的女性，复古气息的散发可以让整个造型看起来典雅的同时又能与现代时尚感融为一体。

技法选择方案

法式卷筒盘发

变纹复古卷筒盘发

卷筒低盘发

单波低盘发

饰品搭配方案

纱网、帽饰、蕾丝等都是展现女人复古气质的饰品

色彩搭配方案 ●●●

Vintage Style

优雅复古风格
之法式卷筒盘发

　　法式盘发最大的特点就是能够突显出女人精致、优雅与浪漫的气质，盘发的技法会涉及卷筒、拧包、发髻、编发等方法，它们既可以单独运用，同时也可以相互结合。为了营造干净、光滑的卷筒盘发效果，特别是遇到发质受损或过硬的新娘，建议使用电卷棒打造蓬松柔软的效果，如果发量不够，建议使用玉米夹来增加发量感。倒梳表面的发丝但注意不要露出倒梳的痕迹，以免破坏整体造型的感觉。同时，不要过多使用发胶，特别是硬发胶，否则无法营造出浪漫、随意的感觉。

注意事项

1. 倒梳打毛的时候注意力度和发片的打毛均匀度，不要用力不均或者是用力过度

2. 在做造型的过程中请参照前方镜子，避免做出来的整体发型感觉不够光滑、立体

Step 1

先用 25 号电卷棒打斜将头发烫卷，让波浪呈现出层次感

Step 2

将顶部的头发以垂直提拉的方式用电卷棒水平烫卷，电卷棒在头发根部停留的时间可以稍微久一点儿

Step 3

侧发区的头发同样用电卷棒以水平烫卷的方式处理

Step 4

将刘海区进行 7:3 分区

Step 5

在将头顶的头发取片一层层倒梳，让后区显得更饱满

Step 6

将倒梳过的头发表面处理光滑，做成小发包固定在枕骨处

Step 7

将左侧刘海区平均分为三缕头发，并用发夹固定

Step 8

将刘海区的第一缕头发倒梳打毛，运用卷筒技法并固定

Step 9

将刘海区的其余两缕头发依次倒梳打毛，运用卷筒技法并固定在前一缕头发的旁边，沿着刘海发际线逐渐成型

Step 10

将刘海区另一侧的头发用两股拧绳技法拧好

Step 11

将拧好的头发固定在刚才倒梳打毛好的卷筒盘发旁

Step 12

将后发区的剩余头发逐一进行倒梳打毛，并运用卷筒技法逐一固定在枕骨下

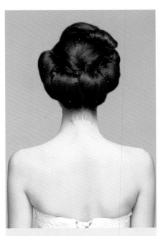

Step 13

完成图

优雅复古风格
之变纹复古卷筒盘发

除了干净、光滑的卷筒盘发之外，略带凌乱感的变纹卷筒盘发也不失复古的感觉。尽量在后发区平均取发片并进行烫发操作，然后运用卷筒技法，将其有层次感地固定在脑后，在顶发区运用变纹技法能够营造空气感，搭配上面纱，更有T台时尚女王范的感觉。

Step 1

将头发进行3:7分区

Step 2

将顶发区的头发进行倒梳并将其向后拧成发包作为造型的中心点，用发卡固定

Step 3

用卷发棒将头发烫卷，注意平均取发片

Step 4

将烫好的发片固定在后发区

Step 5

将剩下的头发烫卷后有层次地逐个固定在后发区

Step 6

可以运用倒梳的技法让卷筒更有立体感

Step 7

整个发型均使用精致、有层次感的卷筒，让整个造型看起来饱满、立体

Step 8

固定卷筒，尽可能的藏好发卡，注意卷筒之间的衔接

Step 9

将左右侧发区的头发进行烫发处理

Step 10

每烫好一缕头发，就将其固定在顶区发包上，注意固定的位置，它们会影响发型的整体感觉

Step 11

喷上发胶，用手再次调整发丝的细节

优雅复古风格
之卷筒低盘发

    一直以来，优雅复古的风格都非常受人喜爱，既端庄又不失优雅的气质，使复古造型成为时装周上不会缺席的主题之一。每个女孩都有蕾丝情结，精致的蕾丝发饰会给新娘增添几分纯情，蕾丝作为复古造型的经典搭配，它的怀旧感和手工质感赋予整个造型更加复古优雅的感觉。

注意事项

1. 卷筒技法处理刘海的时候注意刘海要饱满，发丝要处理干净

2. 注意发包要做得干净饱满

Step 1

将侧发区的头发先留出来，取一片中间的头发

Step 2

将头发用电卷棒水平烫卷

Step 3

用尖尾梳将刘海的碎发收干净并梳顺

Step 4

将头发用手做成卷筒后用夹子固定

Step 5

将顶发区的头发打毛，做一个饱满的发包

Step 6

将侧发区的头发梳顺

Step 7

将侧发区的头发拧绳后固定在发包下面

Step 8

另一侧头发用同样的拧绳技法将其拧好，固定在发包下面

Step 9

从后发区的头发中取一片头发，卷成直卷筒用钢夹固定

Step 10

将剩下的两片头发用同样的方法卷成直卷筒，将头发固定，注意左右的对称性

Step 11

最后佩戴上复古优雅的蕾丝片，造型完成

优雅复古风格
之单波低盘发

近年来，随着复古风的流行，复古风格的造型无论是在时尚杂志、新娘造型还是影视造型中，都十分受人喜爱，它既给女性增添了复古时尚的女人味，又诠释了女人柔美的特性。尤其是手推波纹的造型是复古造型中的经典之作，其流畅的线条、圆润饱满的美感，可以让新娘看起来娇媚动人。

注意事项

1. 注意手推波的纹理和弧度一定要流畅

2. 注意做直卷筒的时候要干净、饱满

3. 注意发饰的佩戴和选用

Step 1

将头发用梳子梳顺，将侧发区的头发进行 3:7 分区

Step 2

将刘海区的头发用电卷棒横向分区烫卷，用夹子将头发固定

Step 3

方法同上，用电卷棒将头发烫卷，用夹子固定

Step 4

用电卷棒将另一边的头发向外烫卷

Step 5

同样的方法，将侧发区的头发全向外烫卷

Step 6

先将后发区的头发用电卷棒向外烫卷

Step 7

同样的方法，将剩余的头发全部烫完

Step 8

把侧发区的头发用手抓住，打造波纹的第一个弧度

Step 9

用鸭嘴夹把波纹的弧度固定好

Step 10

将剩下的头发用梳子梳顺

Step 11

将头发用直卷筒的手法向内侧卷，用夹子固定

Step 12

方法同上，从耳朵后方取一片发片统一向内做出直卷筒固定

Step 13

再做一个直卷筒，与前一个相衔接固定，注意观察从侧面看头发是否干净，饱满

Step 14

最后将侧发区的头发，用同样的方法向内卷固定

Step 15

将手推波纹固定的鸭嘴夹取下来，佩戴上发饰，整体造型就完成了

Luxury
noble style

第 3 章

高贵奢华风格

造型简介

    高贵奢华造型是最具气场、最显高贵、最为典雅的造型,它体现的不仅是一种高贵优雅的气质,更是新娘自信心的体现。拥有一款高贵风格的发型会将自身形象提升一个档次。配合精美的新娘发饰,通过多种设计方式,营造出多层次的丰富感。低调而毫不张扬的金属饰品日渐显露出其锐不可挡的魅力,隐隐闪烁的星耀光芒能够尽展新娘的雍容气度。该款造型以各种盘发为主,除了能够修饰新娘脸形或脖子的不足,更能够营造新娘女王般的气场。

技法选择方案

高盘发

低盘发

后盘发

饰品搭配方案

    水钻、金属等饰品能展现女性雍容华贵的气质

色彩搭配方案 ●●●

Noble style

高贵奢华风格
之高盘发

　　高贵奢华风格盘发起源于皇室，是高贵、典雅、大气的象征，很好地展现了皇族女性的风采。高贵盘发简约但不简单，发髻的位置偏高，将发片做成直卷筒又能够增添一丝时尚感。花苞的整体看上去要有饱满感，头发要做得干净一些。

注意事项

1. 头发丝要用发胶收干净

2. 马尾要扎高一点，花苞可以做高一点

Step 1

先将头发扎成高马尾，头发可以扎紧一点

Step 2

用电卷棒将头发烫卷，注意卷发的纹理

Step 3

将烫卷的头发卷成直卷筒并固定在头顶上

Step 4

将头发一层一层地往上卷，注意直卷筒之间要有一点空隙，不能连成一片

Step 5

将剩下的头发继续用卷筒技法做成花苞

Step 6

喷上发胶，用手调整卷筒之间的纹理

Step 7

将头顶前面的碎发丝喷上发胶并固定好，让发丝充满灵动感

高贵奢华风格
之低盘发

　　高贵奢华风格的新娘造型一直以来都非常受欢迎，既体现了新娘的高贵、优雅、端庄，又与时尚结合在一起，无论是拍摄婚纱照或者在婚礼仪式上都是新娘首选的造型。在发型上也可以搭配上水钻发箍，简洁大方，同时又带着浓浓的奢华感。

注意事项
1. 头发要处理得干净，纹理不要太乱
2. 注意上下发包的衔接及饱满程度
3. 从侧面看整体要协调圆满

Step 1

先将侧发区的头发分区

Step 2

将后发区的头发留出来

Step 3

取一层头发，用梳子将头发打毛

Step 4

将打毛的头发用直卷筒的方法固定在头发中间，作为整个造型的支撑点

Step 5

将顶发区的头发用梳子打毛

Step 6

将侧发区的头发用梳子打毛

Step 7

将打毛的头发做一个发包，固定在直卷筒下面，使发包看上更饱满

Step 8

将剩下的头发打毛

Step 9

将打毛的发片做成直卷筒，固定在头发中间作为造型的支撑点

Step 10

将后发区的头发用梳子打毛

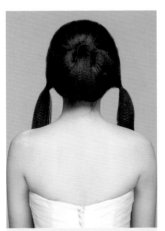

Step 11

先将中间的发片往上，将直卷筒包住，再将剩下的两片头发用同样的方法固定在直卷筒上

Step 12

将侧发区刘海的头发往后固定在上下两个发包的中间

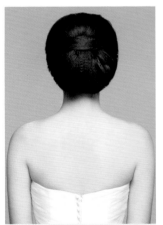

Step 13

将碎发收干净，完成造型。整个发型一定要注意轮廓感

高贵奢华风格
之后盘发

　　高贵风格造型整体感强，具有大方、简洁、端庄的特点，造型多采用整洁的盘发，佩戴上华丽的头饰更能体现造型的奢华感。同时，这也是高贵新娘绝对不会出错的发型选择之一，将头发梳起，整理成一个气质型的盘发，再搭配上洁白的钻饰发带，尽显高贵优雅之风范。

注意事项

1. 做发包的时候要将发包做圆润

2. 一定要将碎发处理干净

3. 可以将发包做得高一些

Step 1

将头发扎在枕骨的位置，调整一下马尾的高度

Step 2

从马尾里取一撮头发出来，用尖尾梳将头发打毛

Step 3

将打毛的部分头发用直卷筒的方式往上卷，注意头发卷出来后往两边拉一下，让头发有圆形的弧度

Step 4

将头发的弧度调整好，用夹子固定

Step 5

上半部分的头发做好后，对下半部分的头发以同样的方法，将头发丝往下卷，用夹子固定

Step 6

将头发的形状调整得更圆润、干净一些，注意头发纹理的走向

Step 7

头发调整好后，将头饰佩戴上即可

Step 8

整体造型完成以后，将头发喷一点发胶定型

Freshing and

森系清新风格

造型简介：

　　森系风格的新娘，如同从森林里走出来的女孩，简约、自然、大方又不失唯美。森系风格是近两年从国外开始流行的风格，在80后、90后的人群中尤其受欢迎。近年来，越来越多的新娘也开始选择森系主题婚礼。森系新娘造型理念与传统的精心编发或用大量发胶固定头发的造型理念刚好相反，更追求自然、大方的随意感和舒适感，所以更适合年轻人或心理年龄较小的新娘。发量多而长、发丝偏细软的新娘也适合该造型。在整理造型时应营造发丝的灵动感。

技法选择方案

3+1编发

2+1续编发

鱼骨编发 I

鱼骨编发 II

饰品搭配方案

　　浆果、鲜花、绿叶、绢花、羽毛等颜色具有清新感觉头饰能够营造仙气十足的感觉

色彩搭配方案

森系清新风格
之3+1编发

　　森系新娘最大的特点是造型的甜美以及梦幻的感觉。造型主要是以三股续编和发包的手法来表达。为了达到森林梦幻的气息，头饰当然必不可少，在头饰上可以选用鲜花和绿叶等自然植物来彰显造型的特点。在技法方面一般运用随意的3+1编发，配以自然的发丝，让人感觉简单大方、不矫柔造作，脸圆的新娘还可以在脸颊处适当留少许发丝来修饰脸部线条。所谓的3+1编发就是先将头发三等分进行编发，然后或从左或从右开始取一股加到三股编发中继续编发，边编发边不停地加一股头发，直到整条编发编完为止。

注意事项

1. 在加一股发的过程中，每次加进来的发量要均匀，且加一股发的过程中要沿着所构思的造型方向进行编发，特别是要紧贴着头发表面来进行编发

2. 在编发前一定要有清晰的造型思路，如果编发完毕再去构思编发的造型方向，那么整个发辫就会有歪歪扭扭甚至散乱不已的感觉

Step 1

将刘海区的头发以左右耳尖为基准线进行分区

Step 2

将后发区的头发分为上下两部分，并进行倒梳打毛

Step 3

打毛后会使整个后发区的轮廓看起来更加饱满。用发蜡棒收拾小碎发。用梳子再次整理发丝，并朝内做成小发包

Step 4

用手将刘海区左侧头发平均分成三股

Step 5

进行三加一股编发，在编发的过程中不断使用该手法，直到编至发尾

Step 6

在编发的过程中边编发边用手将发辫抽松散，用同样的手法完成右侧的编发，再次用手将整个发辫表面抽松散

Step 7

将编好的发辫围绕下方的中心点进行固定，并让后区达到饱满的效果

Step 8

喷发胶固定发型

最后将两边的辫子收起。注意盘起的辫子要对称

森系清新风格

之2+1续编发

　　新鲜娇嫩的花卉是新娘发饰永恒不变的选择，它不仅赋予新娘春天般浪漫清新的气息，更能衬托新娘温婉柔美的气质。鲜花能够完美诠释森系新娘造型的特点，运用随意、清新的花环造型，还能给新娘增添不少浪漫的气息。造型主要是以鱼骨辫为主，在盘发的时候要注意发片之间的衔接。

注意事项

　　1. 编辫子的时候注意取的发量要均匀

　　2. 要将头发做得自然、随意一些

Step 1

先将刘海区的头发分区，用鸭嘴夹将刘海区的头发夹起来

Step 2

将后发区的头发平均分成三份，分别用鸭嘴夹夹起来

Step 3

将后发区另一边的头发以两股拧绳的方式将头发拧出来

Step 4

将拧好的头发盘起来，用夹子固定

方法同上，将头发固定

Step 5

将后发区的头发全盘起来并固定

Step 6

将刘海区的头发以鱼骨续编的方式编完

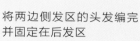

Step 7

将编好的辫子固定在后发区

将两边侧发区的头发编完并固定在后发区

Step 8

整体造型完成以后，从侧面看一下造型是否饱满

森系清新风格

之鱼骨编发 I

浪漫又带点个性的鱼骨编发，能够轻松塑造甜美形象的新娘。建议选择发量厚重的新娘来营造，通过侧编的森系美感编发营造出文艺气质，再搭配蕾丝头饰，蕾丝不像纱质那般甜腻，清新中带着纯美，配合森系的婚纱，非常美妙！鱼骨编发是用手指将两等分的发量进行编发，然后从左或者从右取一股开始交错相交，边编发边不停地用手指扯松，调整编发的形状，直到编发编成。

注意事项

1. 做造型的时候要注意考虑头饰最后摆放的位置，造型前一定要先把头饰在新娘头上的不同位置尝试摆放，确定位置后，再设计编发造型的中心点

2. 该造型的重点在于营造蓬松感的鱼骨编发，如果头顶显扁塌或者脸形较宽的新娘，一定要注意刘海的选择，这种完全展现脸形的刘海并不是每个人都适合的

Step 1

将所有的头发分区，用28号卷发棒均匀地向外翻并烫卷

Step 2

将后发区的头发按左右7:3的比例分区，并用发夹夹住

Step 3

在左侧发区取发并均匀地分为两股头发

Step 4

从右边最外侧取一股头发，相交到左边

Step 5

依次从左边最外侧取一股头发，相交到右边，注意，左右两侧所取的发量要相等

Step 6

将剩下的头发继续用鱼骨编发技法编至发尾

Step 7

用手将整个鱼骨辫进行形状的调整，也可以局部扯松

Step 8

同样从右侧发区取两股头发，开始续编鱼骨编发

Step 9

用同样的手法调整好右侧发辫的形状

Step 10

将左侧发辫固定于后发区，固定头发的时候注意藏好发卡

Step 11

固定好后注意调整发型的饱满度

Step 12

将右边的发辫用同样的手法固定于后发区

Step 13

用手调整两个发辫之间的衔接

Step 14

将刘海区的头发从侧面开始两股拧绳

Step 15

将刘海区的头发用拧绳技法后固定于后发区，与刚才的鱼骨编发融为一体

森系清新风格
之鱼骨编发 II

拥有精灵般浪漫的造型也是很多喜欢森系风格新娘的心愿，用大自然的元素打造新娘的装扮，给人感觉更清新甜美，让新娘犹如大自然最纯净的精灵。

注意事项

1. 头发抽丝的时候，头发的纹理要干净

2. 注意本款发型不适合长相中性的新娘

3. 辫子要干净，不能太乱

Step 1

将头发从前发区到后发区
平均从中间分成两份

Step 2

将刘海区的头发留出来，
紧挨着从后面取一片头发
平均分成两股

Step 3

将头发用鱼骨续辫的方式
编好，注意续编时辫子的
发量要均匀

Step 4

将头发续编完，编的时候
要将发丝处理干净

Step 5

将辫子编完，用同样的方
式将另一边的头发编完

Step 6

将辫子一直编到发尾

Step 7

辫子编完以后，用手将辫
子抽松，使辫子看起来松
散慵懒

Step 8

用皮筋固定好发尾后，再
将发尾部分的头发也抽松

Step 9

方法同上，将辫子抽松，
发尾用皮筋固定

Step 10

将辫子盘起来，用发卡固
定在一侧，注意摆放的
位置

Step 11

另一侧的辫子也以同样的
手法用发卡固定

$Sweet$
$Korean\ Style$

第 **5** 章

甜美韩系风格

造型简介

　　甜美韩系风格作为继日系风潮之后又一风靡亚洲的时尚风格，受到亚洲新娘的广泛关注，许多新娘造型师也非常热衷韩式发型并相继效仿。韩式发型主要特点是集简单、时尚、优雅于一体，又不失少女味并且充满浪漫感。韩式新娘造型不仅可以让新娘由内而外散发出柔美气质，还可以让新娘在婚礼上彰显靓丽、甜美的形象。一款合适的新娘发型可以衬托出新娘的女人味，在婚礼上成为最美、最梦幻、最迷人的新娘。这款新娘造型多以编发盘发为主，彰显出新娘的清新委婉端庄的美。

技法选择方案

蝴蝶编发

鱼骨编发 I

鱼骨编发 II

韩式编发

饰品搭配方案

　　蝴蝶结以及粉色系的具有充满浪漫气息的饰品更能表达新娘甜美的气质

色彩搭配方案

甜美韩系风格
之蝴蝶结编发

　　甜美韩系风格的新娘造型主要需要突出整体仙女式的温柔浪漫感，造型以卷发、辫子、蝴蝶结为主。

　　造型尽量松散、自然一些，才能突出新娘的仙女气息。所以，在处理发丝的时候注意纹理走向，不要喷过多的发胶，避免头发过于死板而缺少灵动感。佩戴蝴蝶结等甜美饰品可以让新娘看起来更加可爱，年龄感更小，因此，该造型适合年龄感小且长相甜美的新娘打造。

注意事项
　　1. 头发较长的新娘会更适合此款造型
　　2. 注意造型的蓬松感和发丝纹理的走向

Step 1

将头发用梳子进行侧发分区

Step 2

将侧发区的头发取一小片以三股编发的手法续编

Step 3

将续编完的头发继续以三股辫的方式编完

Step 4

将顶发区的头发盘起，将辫子固定在中间

Step 5

在头顶区取一撮小的发片将碎发收干净

Step 6

将头发拧紧

Step 7

将 U 型夹穿过辫子

Step 8

将拧出来的头发一小部分
穿过U型夹

Step 9

将头发一边用手拉住，再
用U型夹将头发拉出来

Step 10

将第一个蝴蝶结造型的头
发和下一撮头发拧在一起

Step 11

方法同上，将头发用U型
夹拉出来

Step 12

一侧的蝴蝶结就完成了

Step 13

将另一边侧发区的头发以
同样的方法完成蝴蝶结造
型，并将后发区的头发烫
卷，整理好纹理并佩戴上
蝴蝶结饰品

甜美韩系风格
之鱼骨编发 I

韩式新娘发型不仅可以让新娘由内而外散发出柔美气质，还可以让新娘在婚礼上彰显优雅动人的一面，这款甜美韩系风格新娘的造型主要以鱼骨辫为主，点缀适当的发饰可以让新娘看上去更加甜美可人。小细节也可以体现大魅力，例如，可爱的蝴蝶结、粉色系婚纱等都可以为新娘的甜美感加分。

注意事项

1. 注意造型不能做得很生硬

Step 1

先将头发平均分成三份

Step 2

将中间的头发用鱼骨辫的
方式编辫

Step 3

将辫子编完，注意不要编
得太紧

Step 4

将两边的头发以同样的手
法编辫

Step 5

用夹子将编好的辫子固定
在一起

Step 6

将肩以下的辫子用夹子收
到头发内侧即可

甜美韩系风格
之鱼骨编发Ⅱ

　　韩系风格对年轻的新娘影响很大，韩式的妆容和发型都非常受追捧，造型采用了鱼骨辫的方式来打造新娘的唯美、甜美风格。空气感的发丝让新娘整个人都充满了清新唯美的感觉，再搭配上错落有致的小碎花，非常适合旅行婚纱拍摄或者是外景拍摄，让新娘看起来年轻又可人。

注意事项

1. 注意在编鱼骨辫的时候，取的发量不能太多，要取得均匀一些

2. 在抽取头顶的碎发丝时，注意发丝的随意感，要在不影响整体轮廓的前提下适当抽取

Step 1

先将头发用电卷棒烫卷

Step 2

用尖尾梳将头顶的头发轻轻地打毛

Step 3

将打毛的头发编成鱼骨辫，用夹子固定

Step 4

将剩下的头发继续编鱼骨辫

Step 5

在编的时候将两边剩下的头发续编在鱼骨辫里面

Step 6

将辫子以鱼骨辫的方式将辫子编完

Step 7

将编完的辫子用手将辫子轻轻抽松散一些

Step 8

将编好的辫子喷上发胶使头发定型

最后佩戴上头饰即可

甜美韩系风格
之韩式编发

随着一部又一部的韩国偶像剧的热播，韩系造型的唯美、含蓄、清新感让越来越多的姑娘对韩式妆容情有独钟。清新自然的妆容特点给人们带来"有妆胜无妆"的效果，加上随意、自然的发型更是突出了整体造型的清新、唯美的特点。

注意事项

1. 注意头发要处理干净

2. 注意发丝的纹理要往一个方向顺

3. 注意后发包不要做得太小或太高

Step 1

先将侧发区的头发分区

Step 2

用橡皮筋把后发区的头发
扎成低马尾

Step 3

从马尾里取一撮头发开始
拧绳

Step 4

将拧好的头发往上卷并用
钢夹固定

Step 5

方法同上，将马尾中的头
发全拧好固定，注意各个
发片之间的衔接

Step 6

将侧发区的头发用同样的
方法拧好之后，将其固定
在后发包上

Step 7

方法同上，将另一边的头
发拧好，固定在发包上
即可

Step 8

造型完成图

Vintage and

Vintage
Chinese style

第 **6** 章

中式复古风格

造型简介

古典中式风情充满韵味，它能够将东方美中独特的古典气质完美诠释出来。而现代中式复古风格则能够将中式的喜庆感融合西式的时尚潮流完美诠译出来。中国红搭配金饰红色礼服依然是中国新娘不能割舍的选择，喜庆的红色旗袍上的小立领、盘扣、对襟和手工刺绣等，这些元素恰到好处地点缀了新娘的体态，使新娘的传统美演绎得淋漓尽致，更显高贵、典雅。

技法选择方案

立体手推波纹发

平面手推波纹发

秀禾服造型

饰品搭配方案

古典发簪、金冠、凤冠霞披等具有中国元素的饰品更能体现出新娘的古典美

色彩搭配方案

Chinese style

中式复古风格
之立体手推波纹发

手推波纹发也叫手指波，作为风靡于20世纪20年代的一款经典发型，无数次被秀场推崇和演绎，而今时尚设计的加入让这款复古发型焕发出了新的光彩。手推波纹复古新娘发型通常以流畅的线条、圆润饱满的造型来强调古典美感，配上羽毛、蕾丝等富有时尚元素的饰品，能够让新娘更加夺目光彩。

注意事项

1. 在推立体波纹的时候，注意波纹转折的弧度可以大一些

2. 波纹的纹理走向要一致、干净

Step 1

用尖尾梳将刘海分成3：7的比例

Step 2

在头顶的部分做出一个发包，用夹子将发包固定

Step 3

将刘海区的头发用尖尾梳推出第一个波纹，用鸭嘴夹固定

Step 4

将头发朝前推出第二个波纹

Step 5

方法同上，将头发往后推，用鸭嘴夹固定

Step 6

最后一波头发可以遮住一部分耳朵，用鸭嘴夹固定

Step 7

将剩下的头发用同样的方式推出波浪的形状，用鸭嘴夹固定

Step 8

将推好的波纹喷少许的发胶，使波纹定型

Step 9

在发包后面取少量的头发拧成绳状

Step 10

将拧好的头发用夹子固定在发包的地方

Step 11

以同样的方法将头发全固定在后发区

中式复古风格
之平面手推波纹发

　　复古风格时下非常流行，手推波纹如同波浪般柔美，不仅可以搭配晚礼服，现在有更多的新人也将手推波纹运用在婚礼上，让新娘瞬间被浓浓的复古气息围绕。

注意事项

1. 在推波纹的时候，注意波纹的走向要流畅、柔美

2. 一定要保持头发干净，不要有碎发

3. 注意发包要圆润、饱满

Step 1

用尖尾梳将刘海分成3：7的比例，用梳子将头发梳理干净

Step 2

将头发分成片状，用电卷棒烫卷，用鸭嘴夹固定

Step 3

将头发全部烫卷后，取下夹子，用梳子将头发梳理干净

Step 4

用尖尾梳将顶发区的头发打毛，做一个干净饱满的发包

Step 5

将后发区剩余的头发用梳子打毛

Step 6

将打毛的头发往上卷，用钢夹固定

Step 7

将刘海区的头发设计出一个波浪的弧度，并用鸭嘴夹固定

Step 8

用梳子推出第二个弧度

Step 9

用鸭嘴夹固定第三个弧度

Step 10

将剩下的头发以波浪的形
状固定在发包上

Step 11

将刘海另一侧以同样的手
法将头发推出相同的弧度

Step 12

将发尾长的头发用鸭嘴夹
固定

Step 13

喷点发胶将头发定型

Step 14

将鸭嘴夹取掉，注意波浪
的弧度要保持流畅

Step 15

最后佩戴上头饰即可

中式复古风格
之秀禾服造型

中式秀禾服造型也是非常受欢迎的新娘礼服之一。它既可用作出门礼服也可在敬酒的时候穿，因其对新娘的身材要求不高，而且又是传统特色的服饰，因此深受新娘和长辈的喜欢。秀禾服造型突出了新娘的古典美，秀禾服的造型以低盘发为主，最吸引人的就是刘海造型，刘海可以是桃心式、正三角式、倒三角式、短齐式等，要根据额头的饱满程度以及人的脸型特点选择适合的发饰。

注意事项

1. 注意头饰的佩戴不要太靠后

2. 注意发包不要做太高

Step 1

在头顶区取一片头发打毛

Step 2

将头顶区打毛的部分做一个圆润的发包

Step 3

将刘海区的头发拧成绳状

Step 4

将拧好的头发固定在发包后面

Step 5

方法同上，将另一侧的头发拧成绳状用夹子固定

Step 6

将后发区的头发平均分成三份，编成三股辫

Step 7

将编好的辫子盘起来固定在后发区

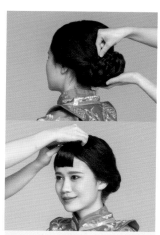

Step 8

用手调整一下发包的纹理

将刘海佩戴上即可

Exotic ana

Exotic
Beautiful Style
第7章
异域特色风格

造型简介

　　由于多媒体的发展，让更多准新人有机会了解到更多不同风格的新娘造型，时下影楼以及婚庆行业为了满足准新人个性的审美标准，也纷纷推出了一些主题类的时尚新娘拍摄以及婚礼主题。同样，为了符合这些主题类的拍摄以及婚礼主题的统一性，我们也需要对自己的新娘造型设计做出调整，不仅从整体服装上有所变化，连妆容和配饰细节也要尽量靠近该风格的特点。

eautiful style

异域特色风格
之美艳印度新娘

　　印度新娘造型极富特色，以古典、华美、复杂和夸张闻名于世。对于印度人来说，首饰是日常生活中不可或缺的装饰品。色彩艳丽的"沙丽"是最具特色的印度婚纱，刺绣、缀珠等工艺都是经过手工的精良制作而形成的，充满了浓浓的异域风情。

注意事项

1. 做发包的时候注意将头发梳理干净

2. 注意做低盘发的时候不要将头发盘得太高

Step 1

先将眉型勾画出来，画眉的时候注意要化立体眉

Step 2

第一层眼影可以选用浅咖啡色，注意眼影范围

Step 3

第二层眼影可选用深咖啡色来强调眼影的深浅层次

Step 4

画眼线时要注意将眼线画流畅，可将眼线画得长一些，可根据不同的眼型来调整眼线

Step 5

用黑色眼影以小倒钩的手法将眼睛画出深邃感

Step 6

用睫毛夹将睫毛夹卷翘

Step 7

将睫毛刷上睫毛膏，使眼睛更有神

Step 8

刷上腮红，看上去更有气色

Step 9

可以选用较自然一点的口红，以突出眼睛的重点

Step 10

将刘海区的头发留出来，在头顶做一个圆润的发包

Step 11

将刘海区的头发拧成绳状，固定在发包下面

Step 12

将后发区剩下的头发编成三股辫，用手将辫子轻轻抽松

Step 13

将编号的辫子用夹子固定

Step 14

用一根小辫子固定在发包和刘海的交界处

Step 15

整体造型完成以后，从侧面看看造型整体是否圆润、干净、饱满，最后佩戴上头饰即可

异域特色风格
之传统韩服新娘

　　随着古装韩剧的热播,不少新娘也开始选择缤纷绚丽的韩服作为婚纱照造型,韩服新娘兼具古典美和时尚潮流。韩服新娘的发型特点以韩式无刘海低发髻为主,体现了新娘的端庄、典雅的气质。当然,如此经典的发型,少不了搭配一支华贵的长钗,横穿过发髻,堪称点睛之笔。

注意事项
1. 韩式的造型发髻都比较低,以低盘发为主
2. 注意将头发丝收干净

Step 1

将眉型描画出来，以平眉为主

Step 2

用少许的珠光白画第一层眼影

Step 3

用浅咖啡色画第二层眼影

Step 4

用眼线笔画出干净流畅的眼线

Step 5

用睫毛夹将睫毛夹得卷翘一些

Step 6

用睫毛膏将睫毛刷出卷翘感，注意睫毛以自然为主

Step 7

用腮红刷出一层淡淡的腮红，以提升气色为主

Step 8

选择一款较自然的口红，将唇形画出来

Step 9

将头发扎在低马尾的位置

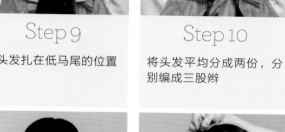

Step 10

将头发平均分成两份，分别编成三股辫

Step 11

将编好的辫子盘起来，用夹子固定

Step 12

选择一条细长的假发编固定在刘海区

Step 13

将假发编全盘起来，用夹子固定

Step 14

最后佩戴上头饰即可

异域特色风格
之波西米亚新娘

波西米亚浪漫风格是很多爱美新娘所向往的，随意自然的造型，结合大自然的美丽，淡然中充满着勃勃的生机，慵懒中散发出别样的迷人风情。波西米亚风格新娘造型通过打造出有层次、动感十足的小卷发，在性感俏皮中让新娘又带出一丝优雅。

注意事项
烫头发的时候注意头发的纹理走向

Step 1

先将眉型画出来，注意画眉的时候以平眉为主

Step 2

先用珠光白画第一层眼影

Step 4

用眼线笔勾勒出流畅的眼线

Step 3

第二层可选用橘色眼影来强调眼影的层次

Step 5

用睫毛膏刷出卷翘的睫毛

Step 7

用腮红从脸颊旁边往内轮廓的方向打，提升一下面部的气色

Step 6

用深咖啡色强调一下眼影的层次

Step 8

选用一款较自然的口红，将唇形勾画出来

Step 9

检查妆面

Step 10

用电卷棒将头发烫卷，注意头发的层次和纹理感

Step 11

用梳子将头发梳理自然

Step 12

用尖尾梳将头发打毛，让头发看上去更饱满

Step 13

将侧发区的头发留出来，在旁边取一片头发变成鱼骨辫

Step 14

将编好的鱼骨辫用夹子固定在枕骨后面

Step 15

完成整体造型之后再检查一下头发纹理

Wonderful and

配饰风格

　　发型的技巧掌握了之后，还需要了解配饰的特点，它既可以弥补发型上的不足，同时也能达到修饰脸型以及影响整个造型风格的作用。

　　在新娘造型中，发饰的种类繁多，单是头纱就可以分为飘逸的长头纱、灵动感十足的短头纱，还有复古风格强烈的网格面纱，等等。其他类型如柔美感十足的珍珠饰品、复古浪漫的蕾丝、清新动人的花朵等更是能够起到画龙点睛的作用，让整个造型更加完整。

　　当然，面对种类如此繁多的头饰，我们该如何进行选择呢？一般来说，头饰按风格可以分为6大类。

　　1. **珍珠类**：适合于复古和优雅风格的造型，年龄较小且脸型圆润的女生更适合此类配饰，因为她们的柔弱感与珍珠搭配出来的造型更加唯美、动人。

　　2. **蕾丝类**：适合复古且简洁的新娘造型，蕾丝本身已经足够复杂，在造型上应该将蕾丝作为饰品主体。当然，这个时候再搭配网格面纱会让复古韵味更加浓重。

　　3. **羽毛类**：适合喜欢灵动感且张扬造型的新娘，羽毛搭配出来的造型会让新娘看起来仙气十足，仿佛如同画里走出来的精灵一般，夸张的羽毛与帽饰的搭配更有欧洲复古洛可可风格的感觉。

　　4. **帽饰类**：帽饰类可以搭配珍珠、蕾丝和羽毛作以修饰，适合喜欢大胆造型且具有个性的新娘。同时，帽饰有一个最大的优点就是可以弥补发量不足或者是脸型不完美的情况。

　　5. **头纱类**：传统的西式婚礼都会用到头纱，因为头纱象征着新娘的圣洁，但随着现在人类的审美变化，头纱的种类也越来越多，有短头纱、半米头纱、1.5米头纱、3米头纱、5米头纱，甚至还有8米头纱，当然这些都是根据婚纱的款式来搭配，如果是现下露背款的婚纱，比较建议搭配以不挡住背部线条为主的短头纱或半米头纱为主，如果是个子略矮小的新娘不建议搭配过长的头纱，避免视觉上看起来更为矮小。

　　6. **鲜花类**：适合长相甜美并且发色较浅的新娘，鲜花的娇媚感会让新娘看起来更为娇羞可爱，错落有致的搭配特别适合时下流行的森系婚礼主题。

配饰风格之
时尚新娘造型

　　时尚新娘的特点在于简单干净的妆面配上浮夸的头饰，彰显新娘的时尚感。网格纱是时尚新娘的首选饰品，它的多变性和不规则性可以让造型师通过随意的手法将其与发型搭配。网格纱可以单独使用，也可以搭配鲜花、蕾丝等综合应用。浪漫优雅的网格，层层叠叠地堆在简单的低发髻上，配以大面积的手工蕾丝花朵点缀，让新娘看起来更加温莞。

注意事项

注意网纱的摆放位置以及网纱的高度

Step 1

将头顶区的头发打毛，使
头发更饱满

Step 2

扎马尾并将碎发收干净

Step 3

从马尾中取一片头发以两
股拧绳的方式将头发拧完

Step 4

将拧完的头发用夹子将其
固定

Step 5

方法同上，将头发拧完

Step 6

将拧好的头发盘起来将其
固定

Step 7

将头发全部盘好之后，用
手调整一下花苞的纹理

Step 8

整体造型做好后，将头饰
佩戴上即可

配饰风格之

时尚简约新娘造型

　　随着时尚新娘的风格越来越多，时尚简约新娘造型也成为了一种经典，它不同于过去几年流行的使用饰品堆砌的方法来打造的新娘造型，而是大胆使用了减法，将造型的饰品用量减到恰到好处；这样也让整个新娘造型看起来干净、清爽。这款新娘造型运用卷简低盘发的技法来打造整个轮廓，可以弥补新娘头型的不足，同时配搭水钻发箍，简约而不简单的让人觉得眼前一亮。

注意事项

1. 注意头发丝纹理的走向

2. 注意发包要做圆润，使整体一致

Step 1

在头顶区取一片头发，注意发量不要太多

Step 2

将头发平均分成三份，以三股续两股的手法将辫子续编

Step 3

以三股辫的方式将整片头发编完

Step 4

将发尾的辫子盘在枕骨的位置并用夹子固定

Step 5

将侧发区的头发往中间拧并用夹子固定

Step 6

将另一侧的头发以同样的方法固定

Step 7

方法同上，将剩下的头发统一往中间卷

Step 8

将中间剩下的头发往上固定在辫子上

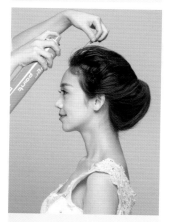

Step 9

喷上发胶使刘海区的头发更有空气感

Step 10

最后将发饰佩戴上

配饰风格之
唯美鲜花新娘造型

像童话故事中的仙子一般身处百花丛中，是每个女孩心中的梦想，鲜花新娘就是以色彩丰富的各种花饰做点缀，塑造出如童话公主般高贵、甜美的新娘。这款发型的设计将所有的头发向后收拢加入卷筒盘发的技法，错落有致地将头发进行固定，并在发片之间点缀山茶花和薰衣草作为修饰，同时，将顶发区的发丝进行空气感处理，让整个新娘造型更具有精灵感。

注意事项
1. 在佩戴鲜花的时候花与花之间不要太紧凑
2. 注意保持头发丝的干净感

Step 1

在侧发区取一片头发打毛

Step 2

将头发往另一侧拉并用鸭嘴夹固定

Step 3

将另一侧发区的头发与用鸭嘴夹固定的头发相互交叉固定

Step 4

将剩余头发中左侧的头发以同样的方法固定

Step 5

在另一侧取一片头发向左侧固定

Step 6

将剩下的头发用梳子梳顺

Step 7

将发尾的头发以同样的方法左右交叉并用夹子固定

Step 8

将发尾用橡皮筋扎起来，并将鲜花固定在头发交叉的位置

配饰风格之
唯美高贵新娘造型

　　蓬松的盘发凸显新娘子精致的五官和完美的轮廓，再点缀上轻盈又飘逸感十足的羽毛装饰，显得性感而又典雅，也让自然的黑色发丝看上去更加柔亮，搭配优雅的蕾丝婚纱，使得新娘看起来十分有气质，同时又不失高贵的感觉。这款发型可以让新娘整个脸型和脖子看起来更加修长，特别适合个子偏小，或脸型较小的新娘。

注意事项

注意头饰的佩戴

Step 1

将顶发区的头发留出来，取枕骨的一片头发用两股拧绳的方式将头发拧完，用手将头发丝抽松

Step 2

将拧好的头发盘起来并用夹子将其固定

Step 3

从侧发区取一片头发以同样的手法将辫子拧起来

Step 4

将拧好的辫子围绕中间盘起来的辫子绕一圈并用夹子固定

Step 5

方法同上，将另一侧的头发以同样的方式也固定在辫子中间

Step 6

将剩余的头发以同样的方法盘上去

Step 7

将顶发区的头发放下来并固定在发包的位置

Step 8

将剩下的发尾用电卷棒烫卷，固定在发包中间

喷上发胶将发型定型即可

配饰风格之
复古礼帽新娘造型

　　在欧洲，观看马球和赛马是非常盛行的活动，在此类活动中非常亮眼的除了比赛本身，还有女士们非常夸张的礼帽造型。同样，这种复古礼帽的造型也可以运用于拍摄新娘婚纱照或婚礼当日的外景拍摄中，这样子不仅非常时尚，同时也可以让一些脸型或发际线不完美的新娘得到视觉上的弥补。造型重点是打造复古感觉的刘海，以及将头发向后收拢后进行纹理的细节处理，可以让整个新娘造型既时尚同时又不失浪漫的感觉，再搭配上精致的珍珠耳环修饰优美的脸庞，让新娘的优雅感十足。

注意事项

　　1. 注意头发的纹理要一致

　　2. 注意碎发要收干净

Step 1

将刘海区的头发用尖尾梳往前推成波浪的形状

Step 2

将头发推好之后用鸭嘴夹将推出来的头发夹起来，固定波浪的形状

Step 3

将剩下的头发用鸭嘴夹固定在耳后

Step 4

将耳后方的头发往头发中间卷出弧度，用夹子将头发固定

Step 5

将头发继续往中间卷，用夹子固定

Step 6

从两边各取一片头发往中间卷

Step 7

方法同上，卷的时候注意头发的纹理

作品赏析

后记

直到今天仍记得我接到写书邀请的时候，我的心情是从惊讶到激动的，我非常感谢有这么一个机会能让我跟大家来分享我的经验。在我看来，做造型如同画画，需要心中有"墨"，即知道不同的造型风格，以及这些造型风格的适用人群以及主题背景，学会"观察"，即发现每个新娘的特别之处，抓住其气质和特征，我们才能"对症下药"，选择适合的风格，并在此基础上予以创新。当然，要想让一个造型达到美轮美奂的境界，是需要造型师有较为熟练的技法要求的。只有较熟练的技法，我们才能把每一种造型风格发挥的精彩绝伦，恰到好处。

在此，我还想借此机会，对那些一直关心我、支持我、帮助我的亲朋好友说声谢谢，因为他们这一直以来的支持，让我走入化妆造型行业这些年里得以发挥我的才能，让我可以离我的梦想越来越近，而我也一直相信，只要每天多努力一点儿，就可以离自己的梦想更近。

首先感谢著名影视人物造型指导，川楠老师。老师人在内蒙古沙漠上拍摄新戏，百忙之中还用短信的方式帮我的新书写了推荐，感谢老师一直以来对我的关注、鼓励和支持。

同时感谢我们团队小伙伴对我的支持和帮助，本书的编写离不开他们的付出以及努力，是他们日夜兼程、不辞辛苦地为本书提供了所有的造型插图，也正是他们精心的捕捉和精美的后期修图，我们才有了大量精美的视觉作品。在此，特别感谢W-Vision冯文影像视觉摄影师冯文，后期师婧文、陆燕，以及化妆师彬燃，装饰设计师孟啸的鼎力协助，谢谢你们，正是你们的努力，才让这本书顺利与大家见面。

其次，感谢UK时尚婚服、24PM婚纱礼服馆、以及MOON慕婚纱礼服提供的精美婚纱，锦尚国际模特管理机构以及重庆邦辰模特经纪有限公司提供的外籍模特，象个花店提供的花材支持。

还有特别感谢在作品中出现的每一个模特，尤其是那些客串模特的朋友，是你们的配合，让读者有机会了解到如何让普通人变成时尚新娘的过程，也让我的造型理念能以最佳的效果展现给每一位读者朋友，谢谢你们，感谢张梦婷、陈梦璇、钦亚楠、严文婕、李沁芮、刘为佼、周雪妮、余新容、刘文佳、夏韩韩、胡梦瑶、王顺玉、李砾、但雅祺、朱宇欣、傅悦、王玉、王一净、杜鹃、朴雪梅。

最后，非常感谢人民邮电出版社给了我这样的机会，让我的作品以及造型理念得到完美的展现，希望我的作品和理念能够被更多的读者所接受和喜爱，阅读此书后有所收获，书中涉及一些技术性和专业性的术语，如有纰漏，恳请读者朋友加以指正。

图书在版编目（CIP）数据

时尚新娘主题造型技法 / 许葳WEIMAKEUP新娘造型编
著. -- 北京：人民邮电出版社，2015.12
ISBN 978-7-115-40168-7

Ⅰ. ①时… Ⅱ. ①许… Ⅲ. ①女性－化妆－造型设计
Ⅳ. ①TS974.1

中国版本图书馆CIP数据核字(2015)第258181号

内 容 提 要

婚礼是每对新人进入人生新阶段的重要仪式,而美丽的新娘则是仪式中最引人注目的焦点。每位新娘都想成为仪式上最完美的主角,而这个任务便落在了造型师的身上。如何设计出符合新娘气质、配合婚礼主题,同时又时尚、独特的造型,是每个造型师每天都在面对的问题,也是造型师提升技术水平、突破自我的关键问题。

本书通过 30 款时尚特色的新娘造型步骤分解教程,详细介绍了包括浪漫唯美风格、优雅复古风 格、高贵奢华风格、森系清新风格、甜美韩系风格、中式复古风格、异域特色风格和配饰搭配风格在 内的 8 种风格的新娘造型设计。书中巧妙地将新娘造型中常用的卷筒、拧绳、手推波纹、倒梳、拧包、编辫子、抽丝纹理等技法融入主题风格造型当中,重点介绍了不同风格的特点与技法搭配经验。同时,在讲述异域特色风格的章节中,作者还搭配了相应的特色妆容教程,为造型师提供了完整的新娘造型方案。本书还配有关键技法视频展示,完美解决读者在学习过程中遇到的疑惑。

本书适合影楼造型师、新娘跟妆造型师和化妆学校师生阅读。

◆ 编　　著　　许葳 WEIMAKEUP 新娘造型
　　责任编辑　　李天骄
　　责任印制　　周昇亮

◆ 人民邮电出版社出版发行　　北京市丰台区成寿寺路 11 号
　　邮编　100164　　电子邮件　315@ptpress.com.cn
　　网址　http://www.ptpress.com.cn
　　北京方嘉彩色印刷有限责任公司印刷

◆ 开本：889×1194　1/16
　　印张：11　　　　　　　　　　2015 年 12 月第 1 版
　　字数：240 千字　　　　　　　2015 年 12 月北京第 1 次印刷

定价：98.00 元（附光盘）

读者服务热线：(010)81055296　印装质量热线：(010)81055316
反盗版热线：(010)81055315
广告经营许可证：京崇工商广字第 0021 号